De l'écurie de la plate-forme du

ROYAL BRAIN BOX LIMITED

SAVEUR DE MATHÉMATIQUES

Questions, réponses et solutions

sur

LOGARITHME

TEMITOPE JAMES
Auteur et mathématicien
IG: __mathématicien

ROYAL BRAIN BOX LIMITED **est un**

Société éducative destinée à booster l'étude des mathématiques dans toutes les ramifications et elle est la seule propriétaire de la FLAVOUR OF MATHEMATICS

L'APPLICATION FLAVOUR OF MATHEMATICS sera disponible sur Google Play Store et IOS d'ici juin 2020.

Résolvez la question, consultez les réponses et les solutions sur ce livre.

RECONNAISSANCE

Je veux remercier mes proches, mes collègues en mathématiques et mes amis de m'avoir montré des soins, de l'amour, du soutien et de l'affection envers la publication de ce livre. Vous resterez tous à jamais chéris dans mon cœur.

Tous mes followers et amis sur Instagram, page facebook et twitter, merci pour vos encouragements, e-mails et soutien Je vous remercie et vous remercie tous pour vos commentaires positifs.

DÉVOUEMENT

Je dédie également ce livre à ma charmante fille (Esther James) et à son fils (flavour James). Le sourire sur vos visages me fait plaisir de toujours apprécier votre présence dans ma vie.

Je dédie également ce livre à chaque mathématicien dévoué qui a pris son temps pour contribuer au succès de l'EDUCATION MATHÉMATIQUE dans le monde entier.

NOTRE MESSAGE À TOUS LES ÉTUDIANTS ET PERSONNES

DU

SAVEUR DES MATHÉMATIQUES

M = *Beaucoup de gens ne m'aiment pas parce qu'ils pensent que je le suis aussi difficile*

UNE = *Tout sera incomplet sans moi*

T = *Essayez de me pratiquer et vous vous habituerez à moi*

H = *Comme certaines personnes se sentent tristes quand elles entendent parler de moi*

E = *Employez-moi et découvrez que je suis unique parmi tous les autres cours*

M = *Beaucoup ont réglé des solutions à leurs problèmes mathématiques à travers moi*

UNE = *Au moins, j'aide ceux qui travaillent avec moi*

T = *Essayez-moi et vous serez génial entre égaux*

je = *Ce sera bon pour vous si vous vous concentrez sur moi*

C = *Venez à moi et vous serez bon dans tous les calculs*

S = *Étudiez-moi et vous vous rendrez compte que je ne suis pas aussi difficile que vous le pensez.*

Questions, réponses et solutions sur LOGARITHM

Saveur des mathématiques   *Temitope James*

1. $\log_8 x = 1/3$ (a) 1   (b) 2   (c) 3   (d) 4

solution

$\log_8 x = 1/3$

nous traversons multiplions

$x = 8^{1/3}$

$x = 2^{3(1/3)}$

$x = 2$

2. $\log_b \sqrt{b}$ (a) 1   (b) 2   (c) $\frac{1}{2}$ (d) $\frac{1}{4}$

Solution

Il devient $\log_b \sqrt{b}$; $\frac{1}{2}\log_b b = \frac{1}{2}$

3. $\log_7 1/2 + \log_7 1/5 - \log_7 7/10$

(a) -1 (b) 2   (c) 3   (d) -4

solution

$\log_{10} 1/2 + \log_{10} 1/5 - \log_{10} 7/10$

Il devient $\log_{10}(1/2 \times 1/5 \div 7/10)$

$\log_{10}(1/2 \times 1/5 \times 10/7)$

$\log_{10}(1/2 \times 1/5 \times 10/7)$

$\log_7 1/7$

$\log_7 7^{-1}$

-1

Questions, réponses et solutions sur LOGARITHM

Saveur des mathématiques   *Temitope James*

4. Simplifier $\dfrac{\log_{10}27}{\log_{10}81}$ (a) $\dfrac{3}{4}$ (b) $\dfrac{4}{3}$ (c) $\dfrac{3}{2}$ (d) $\dfrac{2}{3}$

solution

$$\dfrac{\log_{10}27}{\log_{10}81}$$

$$\dfrac{\log_{10}3^3}{\log_{10}3^4}$$

$$\dfrac{3\cancel{\log_{10}3}}{4\cancel{\log_{10}3}}$$

La réponse est $\dfrac{3}{4}$

5. $\log_{10}\sqrt{8} + \log_{10}\sqrt{10} - \log_{10}\sqrt{8}$

   (a) 1   (b) $\dfrac{1}{2}$ (c) $\dfrac{3}{2}$ (d) $\dfrac{3}{4}$

solution

$\log_{10}\sqrt{8} + \log_{10}\sqrt{10} - \log_{10}\sqrt{8}$

Il devient $\log_{10} = \dfrac{\sqrt{8} \times \sqrt{10}}{\sqrt{8}}$

$\log_{10} = \dfrac{\cancel{\sqrt{8}} \times \sqrt{10}}{\cancel{\sqrt{8}}}$

Il devient $\log_{10}\sqrt{10}$

Alors; $\log_{10}\sqrt{10}$

$\log_{10}10^{1/2}$

$\dfrac{1}{2}$

Questions, réponses et solutions sur LOGARITHM

Saveur des mathématiques   *Temitope James*

6. $Log_{10}(2x + 4) - Log_{10} 4 = 1$

              (a) 7   (b) 240   (c) $^{21}/_{23}$ (d) 1

    solution

$Log_{10}(2x + 4) - Log_{10} 4 = 1$

$Log_{10} \dfrac{(2x + 4)}{4} = 10$

$2x + 4 = 40$

$2x = 40 - 4$

$2x = 36$

$x = 18$

7. $Log_2 4$ (a) 1   (b) $^1/_5$ (c) 2   (d) $\tfrac{1}{2}$

    solution

$Log_2 4$

$2Log_2 2$

$2\cancel{Log_2 2}$

2

Questions, réponses et solutions sur LOGARITHM

Saveur des mathématiques *Temitope James*

8. $\log_4 x - \log_4(x - 2) = 3$, exprimer x en terme de y

(a) $128/63$ (b) $9/125$ (c) $63/128$ (d) aucun

solution

$\log_4 x - \log_4(x - 2) = 3$; i.e (4^3)

Il devient $\dfrac{x}{(x - 2)} = 64$

$x = 64(x - 2)$

$x = 64x - 128$

$x - 64x = -128$

$-63x = -128$

$x = 128/63$

9. $\log\sqrt{49} - \log\sqrt{7}$ (a) 1   (b) 3   (c) 2   (d) 4

solution

$\log\sqrt{49} - \log\sqrt{7}$

$\dfrac{\log\sqrt{49}}{\log\sqrt{7}}$

$\dfrac{\log 7}{\log\sqrt{7}}$

$\dfrac{\log 7}{\log 7^{1/2}}$

Il devient $(1 \div 1/2)$

$(1 \times 2) = 2$

Questions, réponses et solutions sur LOGARITHM

Saveur des mathématiques   *Temitope James*

10. $2\log_3 3 - 3\log_3 3 + 4\log_3 3$

   (a) 1   (b) 2   (c) 3   (d) 4

   solution

   $2\log_3 3 - 3\log_3 3 + 4\log_3 3$

   $\log_3 3^2 - \log_3 3^3 + \log_3 3^4$

   $\log_3 9 - \log_3 27 + \log_3 81$

   Il devient $\log_3 = 9/27 \times 81$

   $\log_3 = 9/27 \times 81\ 3$

   $\log_3 27$

   $\log_3 3^3$

   $3\log_3 3$

   3

11. Trouvez x en termes de y; $\log_4 x + 3\log_4 y = 3$

   (a) $(4/y)^{1/3}$ (b) $(y/4)^{\frac{1}{3}}$ (c) $(y/4)^{-1/3}$ (d) $(4/y)^3$

   solution

   $\log_4 x + 3\log_4 y = 3$

   $\log_4 x + \log_4 y^3 = 3$

   ça devient $\log_4 (x \times y^3) = 4^3$

   $\log_4 (xy^3) = 64$

   $\dfrac{xy^3}{y^3} = \dfrac{64}{y^3}$

   $\dfrac{xy^3}{y^3} = \dfrac{64}{y^3}$

   $x = \dfrac{64}{y^3}$

   $x = (4/y)^3$

Questions, réponses et solutions sur LOGARITHM

Saveur des mathématiques *Temitope James*

12. Résoudre $2\log_2 4 + 2\log_2 2$ (a) 1   (b) 3   (c) 2   (d) 6

solution

$2\log_2 4 + 2\log_2 2$
$\log_2 4^2 + \log_2 2^2$
$\log_2 16 + \log_2 4$
$\log_2 (16 \times 4)$
$\log_2 64$
$\log_2 2^6$
$6\log_2 2$
$6\cancel{\log_2 2}$
6

13. $\log_3 27$ (a) 1   (b) 2   (c) 3   (d) 4

solution
$\log_3 27$
$\log_3 3^3$
$3\log_3 3$
$3\cancel{\log_3 3}$
3

14. $\log_{10} 10000$ (a) 1   (b) 2   (c) 3   (d) 4

solution
$\log_{10} 10000$
$\log_{10} 10^4$
$4\log_{10} 10$
$4\cancel{\log_{10} 10}$
4

Questions, réponses et solutions sur LOGARITHM

Saveur des mathématiques   *Temitope James*

15. $Log_3 27 - log_3 81$ (a) $4/3$ (b) $\frac{3}{4}$ (c) $\frac{1}{4}$ (d) $4/5$

solution

$Log_3 27 - log_3 81$

$Log_3 3^3 - log_3 3^4$

Il devient $\dfrac{Log_3 3^3}{log_3 3^4}$

$\dfrac{3\, Log_3 3}{4 log_3 3}$

$\dfrac{3\, \cancel{Log_3 3}}{4\, \cancel{log_3 3}}$

$3/4$

16. $Log_3\; 3\sqrt{9}$ (a) 2   (b) $\frac{3}{4}$ (c) $\frac{1}{4}$ (d) $4/3$

solution

$Log_3\; 3\sqrt{9}$

$Log_3\; 3(\sqrt{9})$

$Log_3\; (3 \times 3)$

$Log_3\; 9$

$Log_3\; 3^2$

$2Log_3\; 3$

$2\cancel{Log_3\; 3}$

2

Questions, réponses et solutions sur LOGARITHM

Saveur des mathématiques   *Temitope James*

17. $\log_2 \frac{1}{2} = x$; find x   (a) 1   (b) 2   (c) -1   (d) -2

solution
$\log_2 \frac{1}{2} = x$
Il devient $\log \frac{1}{2} = 2^x$
$\log 2^{-1} = 2^x$
$x = -1$

18. $\log_8 x = 2$ (a) 64   (b) 2^3 (c) 16   (d) 32

solution
$\log_8 x = 2$
Il devient $\log x = 8^2$
$x = 64$

19. $\log_{64} x = 1/3$ (a) 1   (b) $1/4$ (c) 3   (d)

solution
$\log_{64} x = 1/3$
$\log x = 64^{1/3}$
$x = (4^3)^{1/3}$
$x = 4$

20. $\log_4 x = -2$ (a) $1/16$ (b) $1/8$ (c) $\frac{1}{4}$ (d) $\frac{1}{2}$

solution
$\log_4 x = -2$
Il devient $\log x = 4^{-2}$
$\log x = 1/16$
$x = 1/16$

Questions, réponses et solutions sur LOGARITHM

Saveur des mathématiques   *Temitope James*

21. $Log_3 3 + log_3 27$ (a) 1   (b) 2   (c) 3   (d) 4

solution

$Log_3 3 + log_3 27$

$Log_3 (3 \times 27)$

$Log_3 81$

$Log_3 3^4$

$4\, Log_3 3$

$4\, \cancel{Log_3 3}$

4

22. $Log\, a^x - Log\, a^y$ (a) x/y (b) y/x (c) x^2/y (d) y/x^2

solution

$Log\, a^x - Log\, a^y$

Il devient $\dfrac{Log\, a^x}{Log\, a^y}$

$\dfrac{x\, Log\, a}{y\, Log\, a}$

$\dfrac{x\, \cancel{Log\, a}}{y\, \cancel{Log\, a}}$

x/y

23. $Log_2 8$ (a) 2   (b) 3   (c) $\frac{1}{4}$ (d) $4/5$

solution

$Log_2 8$

$Log_2 2^3$

$3\, Log_2 2$

$3\, \cancel{Log_2 2}$

3

Questions, réponses et solutions sur LOGARITHM

Saveur des mathématiques *Temitope James*

24. Trouver l'inverse de $\log_9 81$ (a) 2 (b) $\frac{1}{2}$ (c) $2\frac{1}{2}$ (d) $3/2$

solution
$\log_9 81$
$\log_9 9^2$
$2 \log_9 9$
$2 \cancel{\log_9 9}$
2

25. $\log\left(\sqrt[3]{8}/\log 8\right)$ (a) $1/3$ (b) 3 (c) $3/2$ (d) $2/3$

solution
$$\frac{\log \sqrt[3]{8}}{\log 8}$$

$$\frac{\log 8^{1/3}}{\log 8}$$

$$\frac{1/3 \log 8}{\log 8}$$

$$\frac{1/3 \cancel{\log 8}}{\cancel{\log 8}}$$

$1/3$

26. $\log_{10} 0.01$ (a) 1 (b) -2 (c) 3 (d) 4

solution
$\log_{10} 0.01$
$\log_{10} 1/100$
$\log_{10} 10^{-2}$
$-2 \log_{10} 10$
$-2 \cancel{\log_{10} 10}$
-2

Questions, réponses et solutions sur LOGARITHM

Saveur des mathématiques *Temitope James*

27. $\log_2 3/2 + \log_2 16/27 - \log_2 1/9$

    (a) 1 (b) 2 (c) 3 (d) 4

solution

$\log_2 3/2 + \log_2 16/27 - \log_2 1/9$

Alors; $\log_2 (3/2 \times 16/27 \div 1/9)$

$\log_2 (3/2 \times 16/27 \times 9)$

$\log_2 (3/2 \times {}^8\cancel{16}/\cancel{27} \times \cancel{9})$

$\log_2 8$

$\log_2 2^3$

$3 \cancel{\log_2 2}$

3

28. $\log_9 729 - \log_9 9$ (a) 1 (b) 2 (c) 3 (d) 4

solution

$\log_9 729 - \log_9 9$

Il devient $\dfrac{\log_9 729}{\log_9 9}$

$\dfrac{\log_9 9^3}{\log_9 9}$

$\dfrac{3\log_9 9}{\log_9 9}$

$\dfrac{3\cancel{\log_9 9}}{\cancel{\log_9 9}}$

3

Questions, réponses et solutions sur LOGARITHM

Saveur des mathématiques *Temitope James*

29. Simplifier $\log \sqrt{49} / \log 7$ (a) 2 (b) $\frac{1}{2}$ (c) 7 (d) 1

solution

$$\frac{\log \sqrt{49}}{\log 7}$$

$$\frac{\log 7}{\log 7}$$

$$\frac{\cancel{\log 7}\; 1}{\cancel{\log 7}}$$

1

30. Simplifier $\log 243 / \log 2187$ (a) $5/7$ (b) $3/7$ (c) $1/7$ (d) $2/7$

solution

$$\frac{\log 243}{\log 2187}$$

$$\frac{\log 3^5}{\log 3^7}$$

$$\frac{5 \log 3^5}{7 \log 3^7}$$

$5/7$

Questions, réponses et solutions sur LOGARITHM

Saveur des mathématiques   *Temitope James*

31. Résolvez ces problèmes en utilisant le tableau $\frac{193.4 \times 28.8}{48.2}$

   (a) 4406   (b) 440.6   (c) 460.8   (d) 433.6

   Solution

   Résolvez $\frac{193.4 \times 28.8}{48.2}$.

   Utilisez le logarithme et le tableau anti-logarithme de la saveur des mathématiques (debout sur le volume 1 des tableaux mathématiques) pour résoudre l'expression ci-dessous

numérique.	Logarithme.
log 193.4	2.2865
log 28.9	+ 1.4609
	3.7474
Log 48.2	1.6830
Anti – log	2.0644

   $\quad$ 4406 = 440.6

32. Simplifier $\frac{Log_{10}100}{Log_{10}\sqrt{10}}$ (a) 2   (b) 4   (c) 3   (d) 1

   solution

   $\frac{Log_{10}100}{Log_{10}\sqrt{10}}$

   $\frac{Log_{10}10^2}{Log_{10}10^{(1/2)}}$

   $\frac{2\, Log_{10}10}{\frac{1}{2} Log_{10}10}$

   $\frac{2\, \cancel{Log_{10}10}}{\frac{1}{2}\, \cancel{Log_{10}10}}$

   $(2 \div \frac{1}{2})$

   $(2 \times 2) = 4$

Questions, réponses et solutions sur LOGARITHM

Saveur des mathématiques   *Temitope James*

33. Résolvez ces problèmes avec la table Logarithme (498.9 ÷ 15.95)
    (a) 3126   (b) 31.26   (c) 312.6   (d) 3.126

solution

Résolvez $498.9 \div 15.95$

Solution

Utilisez le logarithme et le tableau anti-logarithme de la saveur des mathématiques (debout sur le volume 1 des tableaux mathématiques) pour résoudre l'expression ci-dessous

numérique.	Logarithme.
log 498.9	2.6980
log 15.95	1.2028
Anti - log	1.4952 = 3126
	31.26

34. Résolvez $Log_3 3 + Log_3 9$ (a) 0   (b) 3   (c) 2   (d) - 3

solution

$Log_3 3 + Log_3 9$

$Log_3 (3 \times 9)$

$Log_3 27$

$Log_3 3^3$

$3 \, \cancel{Log_3 3}$

3

Questions, réponses et solutions sur LOGARITHM

Saveur des mathématiques   *Temitope James*

35. Simplifier $Log_2 4 + Log_2 16 = x$ (a) 4   (b) 5   (c) 6   (d) 8

solution

$Log_2 4 + Log_2 16 = x$

$Log_2 (4 \times 16) = 2^x$

$64 = 2^x$

$2^6 = 2^x$

$x = 6$

36. Résolvez $\dfrac{Log\ y}{Log\ \sqrt{y}}$ (a) 1   (b) 2   (c) 3   (b) 4

solution

$\dfrac{Log\ y}{Log\ \sqrt{y}}$

$\dfrac{Log\ y}{Log\ y^{1/2}}$

$\dfrac{1\ Log\ y}{\frac{1}{2} Log\ y^1}$

$\dfrac{1\ \cancel{Log\ y}}{\frac{1}{2} \cancel{Log\ y^1}}$

$(1 \div \frac{1}{2})$

(1×2)

2

Saveur des mathématiques   *Temitope James*

37. $Log_{10}(x^2 + 4) = 4 + Log_{10}x - Log_{10}100$

    (a) 7.99, 0.05   (b) 99.9, 0.04   (c) 9.9, 5   (d) 6.99, 0.5

solution

$$Log_{10}(x^2 + 4) = 4 + Log_{10}x - Log_{10}100$$

Il devient $Log_{10}(x^2 + 4) = 10^4 + Log_{10}x - Log_{10}100$

$$(x^2 + 4) = 10000 + Log_{10}x - Log_{10}100$$

$$(x^2 + 4) = \frac{10000x}{10}$$

$$(x^2 + 4) = 100x$$

$$x^2 - 100x + 4$$

Utilisation de la formule toute-puissante

$$x = \frac{-b \pm \sqrt{b^2 - 4ac}}{2a}$$

où $a = 1$, $b = -100$ et $c = 4$

$$x = \frac{100 \pm \sqrt{10000 - 4(1)(4)}}{2}$$

$$x = \frac{100 \pm \sqrt{9984}}{2}$$

$$x = \frac{100 \pm 99.919}{2}$$

$$x = \frac{100 \pm 99.919}{2}$$

$$x = \frac{100 \pm 99.919}{2}$$

Il devient $x = \frac{100 - 99.919}{2}$ et $x = \frac{100 + 99.919}{2}$

x devient 0.0405 et 99.95

Questions, réponses et solutions sur LOGARITHM

Saveur des mathématiques *Temitope James*

38. $\log_u 8 + \log_u 32 = 8$ (a) 1   (b) $-1/2$ (c) $3/2$ (d) 2

solution

$\log_u 8 + \log_u 32 = 8$

$\log_u (8 \times 32) =$

$\log_u 256 = 8$

$256 = u^8$

$2^8 = u^8$

$u = 2$

39. $4\log(t - 2) = 2\log 4$ (a) 1   (b) 2   (c) 3   (d) 4

solution

$4\log(t - 2) = 2\log 4$

$\log(t - 2)^4 = \log 4^2$

$\log(t - 2)^4 = \log 16$

$(t - 2)^4 = 2^4$

$(t - 2)^4 = 2^4$

$(t - 2) = 2$

$t = 2 + 2$

$t = 4$

Questions, réponses et solutions sur LOGARITHM

Saveur des mathématiques   *Temitope James*

40. $Log_4 (^{38}/_{19}) + 2Log_4 (^2/_4) - Log_4 \, ^9/_3$
    (a) $Log_4 \, 6$ (b) $Log_4 \, ^1/_6$ (c) $Log_4 \, 2$ (d) $Log_4 \, ^3/_2$

    solution
    $Log_4 (^{38}/_{19}) + 2Log_4 (^2/_4) - Log_4 \, ^9/_3$
    $Log_4 (^{38}/_{19}) + Log_4 (^2/_4)^2 - Log_4 \, ^9/_3$
    Il devient $Log_4 (^{38}/_{19}) \times (^2/_4)^2 \div ^9/_3$
    $Log_4 (^{38}/_{19}) \times ^4/_{16} \div ^9/_3$
    $Log_4 \, ^{38}/_{19} \times ^4/_{16} \times ^3/_9$
    $Log_4 \, ^{2 \, 38}/_{19} \times ^4/_{16 \, 4} \times ^3/_9$
    $Log_4 \, ^{2}/_{4 \, 2} \times ^3/_{9 \, 3}$
    $Log_4 \, ^1/_6$

41. Résolvez 129 × 28.9 (correct à 3 pieds carrés)
    (a) 3.730   (b) 37.30   (c) 3730   (d) 37300

    Solution

    Utilisez le logarithme et le tableau anti-logarithme de la saveur des mathématiques (debout sur le volume 1 des tableaux mathématiques) pour résoudre l'expression ci-dessous

numérique.	Logarithme.
log 129	2.1106
log 28.9	1.4609
Anti – log	3.5715 = 3728

    Dans 3 p.c   3730

Questions, réponses et solutions sur LOGARITHM

Saveur des mathématiques   *Temitope James*

42. $\dfrac{(39.5)^3 \times \sqrt[3]{28.5}}{29.5}$

     (a) 638000   (b) 63800   (c) 63.80   (d) 6380

                 Solution

numérique.	Logarithme.
log 39.5³	1.5966 × 3 = 4.7898
log ³√28.5	+ 1.4548 ÷ 3 = 0.4849
	5.2747
Log 29.5	− 1.4698
Anti − log	3.8049
6381	= 6380

43.   Résolvez $\dfrac{0.0398 \times 32.9}{41.32}$

     (a) 0.3228   (b) 3228   (c) 0.32280   (d) 0.32208

                 Solution

numérique	logarithme
log 0.0398	$\overline{2}.5999$
log 32.9	+ 1.5172
	0.1171
log 41.32	− 1.6162
Anti − log	$\overline{1}.5009$
3228	= 0.3228

Questions, réponses et solutions sur LOGARITHM

Saveur des mathématiques *Temitope James*

44. $Log_{10}(9x + 3) - Log_{10}(4x - 1) = 1$

(a) $31/18$ (b) $13/31$ (c) $13/33$ (d) $33/23$

solution

$Log_{10}(9x + 3) - Log_{10}(4x - 1) = 1$

Il devient $Log_{10} \dfrac{(9x + 3)}{(4x - 1)} = 10$

multiplier

$(9x + 3) = 10(4x - 1)$

$9x + 3 = 40x - 10$

$3 + 10 = 40x - 9x$

$13 = 31x$

$x = 13/31$

45. $Log_4 4 + 2log_4 9 - log_4 2$

(a) $log_4 162$ (b) $log_4 16$ (c) $log_4 256$ (d) $Log_4 3/2$

Solution

L'expression est $Log_4 4 + 2log_4 9 - log_4 2$

Il devient $log_4 = \dfrac{(4 \times 9^2)}{2}$

$Log_4 = 324/2$

La réponse finale est $log_4 162$

Questions, réponses et solutions sur LOGARITHM

Saveur des mathématiques *Temitope James*

46. $\log_{10}\sqrt{35} - \log_{10}\sqrt{7} + \log_{10}\sqrt{2}$ (a) 1   (b) $\frac{1}{2}$ (c) $\frac{3}{2}$ (d) 2

Solution

L'expression est $\log_{10}\sqrt{35} - \log_{10}\sqrt{7} + \log_{10}\sqrt{2}$

Il devient $\log_{10} \dfrac{(\sqrt{35} \times \sqrt{2})}{\sqrt{7}}$

$\log_{10}\sqrt{10}$

La réponse finale est $\frac{1}{2}$

47. $\log_3 8.1 + \log_3 10$ (a) 1   (b) $\frac{1}{2}$ (c) 2   (d) 4

Solution

L'expression est $\log_3 8.1 + \log_3 10$

Il devient $\log_3 (8.1 \times 10)$

$\log_3 81$

La réponse finale est 4

48. Résoudre $\dfrac{\log \sqrt{8}}{8}$ (a) 1   (b) $-\frac{1}{2}$ (c) $\frac{1}{2}$ (d) $\frac{1}{4}$

Solution

$\dfrac{\log 8^{\frac{1}{2}}}{\log 8}$ La réponse finale est $\frac{1}{2}$

Questions, réponses et solutions sur LOGARITHM

Saveur des mathématiques *Temitope James*

49. $Log_9(\frac{1}{2})^{27}$ (a) 3   (b) 4   (c) −3   (d) 2

Solution

L'expression est $Log_9(\frac{1}{2})^{27}$

Il devient $2log_9 27$

$2(3/2)$

La réponse finale est 3

50. $Log_{10}1000 - log_{10}100$

    (a) 1   (b) $3/5$ (c) $2/3$ (d) $\frac{3}{4}$

solution

$Log_{10}1000 - log_{10}100$

$\frac{1000}{100}$

$Log_{10}10$

1

Questions, réponses et solutions sur LOGARITHM

Saveur des mathématiques   *Temitope James*

1. B
2. C
3. A
4. A
5. B
6. D
7. C
8. A
9. C
10. C
11. A
12. D
13. C
14. D
15. B
16. A

Questions, réponses et solutions sur LOGARITHM

Saveur des mathématiques *Temitope James*

17. C

18. A

19. D

20. A

21. D

22. A

23. B

24. B

25. A

26. B

27. C

28. C

29. D

30. A

31. B

32. B

Questions, réponses et solutions sur LOGARITHM

Saveur des mathématiques   *Temitope James*

33.   *B*

34.   *B*

35.   *C*

36.   *B*

37.   *B*

38.   *D*

39.   *D*

40.   *B*

41.   *C*

42.   *D*

43.   *A*

44.   *B*

45.   *A*

46.   *B*

47.   *D*

48.   *C*

Questions, réponses et solutions sur LOGARITHM

Saveur des mathématiques   *Temitope James*

49.   A

50.   A

Printed in France by Amazon
Brétigny-sur-Orge, FR